Kurt Becker

50 Kniffe für die Werkstatt

Tipps und Tricks für den Modellbauer

Verlag für Technik und Handwerk neue Medien GmbH
Baden-Baden

vth - Fachbuch
Best.-Nr.: 310 2289

Redaktion: Oliver Bothmann
Layout: DiTech Process Solutions, India

Bibliografische Information der Deutschen Nationalbibliothek:
Die Deutsche Nationalbibliothek verzeichnet diese Publikation
in der Deutschen Nationalbibliografie; detaillierte bibliografische
Daten sind im Internet über http://dnb.d-nb.de abrufbar.

ISBN 978-3-88180-507-0
1. Auflage 2020 by Verlag für Technik und Handwerk neue Medien GmbH
Postfach 22 74, 76492 Baden-Baden

Printed in Germany
Druck: Colordruck Solutions GmbH Leimen

50 Kniffe für die Werkstatt

Verlag für Technik und Handwerk neue Medien GmbH
Baden-Baden

Inhaltsverzeichnis

Der Autor

Der Autor kam vor ca. 15 Jahren durch die Zeitschrift MASCHINEN IM MODELLBAU zum technischen Funktionsmodellbau. Als ich damals ein Heft von MASCHINEN IM MODELLBAU am Zeitschriftenstand durchblätterte fand ich den Inhalt ziemlich skurril und ein wenig verrückt und stellte das Heft schnell wieder ins Regal. Aber meiner Frau erzählte ich von dieser komischen Zeitschrift. „Warum hast Du sie nicht gekauft?“. „Für eine so seltsame Zeitschrift gebe ich keine fünf Euro aus“, war meine knappe Antwort. Zwei Tage später lag MASCHINEN IM MODELLBAU auf dem Wohnzimmertisch. Meine Frau hatte das Heft gekauft.

Nachdem ich das ganze Heft durchgelesen hatte, fand ich „Naja, man kann das ja mal probieren und eine kleine Dampfmaschine bauen“. Ich fand einen Bausatz der angeblich nur das haushaltsübliche Werkzeug benötigt. Aber das war ein Trugschluss. Eine Drehmaschine war unumgänglich. Was tun? Wegwerfen, die Drehteile machen lassen oder eine Drehmaschine kaufen und Drehen lernen? Ich entschied mich für letzteres, lernte Drehen im Selbstkurs und die kleine Dampfmaschine wurde fertig und lief.

Nachdem ich nun im Besitz einer Drehmaschine war, baute ich weitere Modelle. Die Werkstatteinrichtung wurde Zug um Zug erweitert und ich bekam Kontakt mit den Dampffreunden Friedrichshafen, an deren Stand ich meine Modelle bei der Faszination Modellbau ausstellen konnte. Dort sprach mich der damalige Redakteur von MASCHINEN IM MODELLBAU an und suchte Autoren. Und so habe ich in MASCHINEN IM MODELLBAU, die mir einst keine 5 Euro wert war schon über ein Dutzend Fachartikel veröffentlicht…Und nun machte mir der Redakteur Oliver Bothmann Mut auch mal ein Buch zu schreiben. Das Ergebnis halten Sie jetzt in der Hand.

Was will dieses Buch?

Hier liegt kein systematisches Lehrbuch vor, sondern eine bunt gemischte Zusammenstellung von Lösungen von kleinen und großen Problemen, wie sie täglich im technischen Modellbau, bzw. in der Metallwerkstatt auftauchen. Das Buch ersetzt also keineswegs ein Lehrbuch übers Drehen und Fräsen. Das Buch wendet sich besonders an Einsteiger in die Materie. Der Autor hat selbst erfahren, da er ja ein Autodidakt ist, welche Schwierigkeiten da auf einen zukommen und wie man sie löst. Gerade weil der Autor kein gelernter Mechaniker ist, kann er die Probleme aus eigener Erfahrung besser beschreiben, als ein gelernter „Metaller" oder Techniker. Das Buch will eine Hilfestellung sein, damit nicht jeder das Rad neu erfinden muss. Fehler, die man gemacht hat haben etwas Gutes, man kann daraus lernen. Und deshalb ist ein Mann mit Erfahrung einer, der schon viel verkehrt gemacht und dann daraus gelernt hat…

Da ein Bild mehr sagt als 1.000 Worte, hat sich der Autor bemüht, den Text knapp zu halten und die Bilder sprechen zu lassen. So wünschen wir dem Benutzer dieses Büchleins viel Spaß und Erfolg in der Werkstatt. Für Rückmeldungen und konstruktive Kritik ist der Autor stets dankbar.

Kapitel 1 Schwungräder auswuchten

Bei Verbrennungsmotoren taucht gerne das Problem auf, dass sie stark vibrieren, weil bei den schweren Schwungrädern sich bei höheren Drehzahlen eine mehr oder weniger starke Unwucht bemerkbar macht. Also auswuchten! Dazu baut man sich ein Gerät: In einem Rechteckrahmen oder ähnlichem werden Auflagen für zwei Kugellager angebracht. Zwei Konusstücke fixieren das Schwungrad auf der Achse (natürlich gibt es auch solche Geräte fertig zu kaufen, z.B. Auswuchtvorrichtungen für Schleifscheiben oder für Flugzeugmodellbauer für das Auswuchten der Propeller). Das Schwungrad wird dann immer mit der schwersten Stelle nach unten zum Stehen kommen. Jetzt bringt man an der gegenüberliegenden Stelle ein Gegengewicht aus Knetmasse an, bis es in jeder Stellung stehen bleibt. Dann legt man den Knetbollen auf die Briefwaage. An der schwersten Stelle muss man nun am besten durch Bohren entsprechend Gewicht wegnehmen. Das spezifische Gewicht von Eisen ist ca. 8 g/cm³. Man kann somit abschätzen (oder ausrechnen), wieviel man wegbohren muss. Es handelt sich hier nur um ein statisches Auswuchten, ist aber voll ausreichend. Die Hauptunwucht entsteht bei unserem Modell durch die hin und her gehenden Massen von Kurbelwelle, Pleuel und Kolben, aber mit ausgewuchteten Schwungrädern hat man einen Störfaktor weniger.

An der der schwersten Stelle des Schwungrades gegenüberliegenden Seite wird mit Knete ein Ausgleich hergestellt

Die entsprechende Menge an Material wird an der schwereren Stelle des Schwungrades ausgebohrt

Kapitel 2: Schwungräder polieren

Hochglanzpolitur ist eine reine Fleißaufgabe. Schwungrad ins Drehmaschinenfutter spannen, langsame Drehzahl nehmen. Mit einem Korkschleifklotz Sandpapier ans Schwungrad andrücken. Man beginnt mit der groben Körnung 180 oder 240 und dann Schritt für Schritt mit den Körnungen 320, 400, 600, 800, 1.200. Der erste Schritt mit dem noch groben Korn dauert am längsten. Es ist ganz wichtig, erst dann zur nächst feineren Körnung zu wechseln wenn das Schleifbild gleichmäßig aussieht. Nach jedem Schmirgeln sorgfältig reinigen. Nicht, dass die Oberfläche durch die vorherigen Schleifkörper verschlechtert wird. Mit 1.200er Körnung erreicht man schon fast Hochglanz. Den perfekten Hochglanz bekommt man mit einem Hochglanzpoliermittel (z.B. aus der Zahntechnik, Autopflege, o.ä.) und einer weichen Polierschwabbel und Poliermotor. Dabei hohe Drehzahl nehmen. Wer keinen Poliermotor hat, kann den Schwabbel auch

Die ersten Schleifarbeiten erfolgen bei niedriger Drehzahl an der Drehmaschine – dabei auf die Sicherheit achten!

mittels Spanndorn in die Drehmaschine oder Bohrmaschine spannen. Zum Schluss Poliermittelreste mit einem weichen Woll-lappen abreiben.

Die Feinarbeiten gelingen mit einer Polierschwabbel und Hochglanzpoliermittel

Kapitel 3: Fünfspeichenschwungrad spannen

Schwungräder mit nur fünf Speichen bereiten beim Spannen in der Drehmaschine ein Problem. Man kann sie nicht einfach wie beim Schwungrad mit sechs Speichen ins Dreibackenfutter spannen. Idealerweise spannt man solche Teile auf der Planscheibe mit Spannpratzen. Ein Eisenring mit ca. 100 mm Durchmesser ist aber auch eine Lösung. Mit Spannbändern fixiert man darauf das Schwungrad. Der Ring wird dann mit Innenspannung ins Dreibackenfutter gespannt. Das Schwungrad noch etwas ausrichten und los geht's!

Zuerst die zentrale Bohrung einbringen, damit man nachher mit Reitstockunterstützung, bzw. mitlaufender Körnerspitze arbeiten kann. Anfangs nur mit sehr geringer Drehzahl arbeiten, da ist die Unwucht noch recht groß. Damit das Schwungrad nachher schön rund läuft, muss die Achse sehr sorgfältig gesetzt werden. Bohrung und Außendurchmesser und eine Planseite also mit einer Aufspannung bearbeiten. Da jede Bohrung etwas verläuft, sollte man bevor man die endgültige Bearbeitung mit der H7-Ahle vornimmt, die letzten Zehntelmillimeter ausdrehen und nicht bohren.

Ein Fünfspeichenschwungrad kann man gut mit Spannbändern auf einem passenden Eisenring fixieren

Der Eisenring kann dann mit Innenspannung mit dem Dreibackenfutter gespannt werden

Die Bearbeitung kann starten

Kapitel 4: Ventile für Verbrennungsmotoren drehen

Manche Modellbauer haben eine Scheu davor Ventile aus dem Vollen zu drehen. Sie löten an einen Stift einen Ventilteller hart an und überdrehen dann. Das hat aber den Nachteil, dass beim Löten das Material schlechter wird. Ventile sind jedoch mechanisch und thermisch (Auslassventil!) hoch beanspruchte Teile. Deshalb drehe man Ventile aus dem Vollen! Das Material mit etwas Zugabe zum Spannen ablängen, dann ein Ende plan drehen und mit Zentrierbohrer anbohren. Zunächst nur 10-15 mm Länge abdrehen und erst dann die restliche Schaftlänge unter zur Hilfenahme der

Ventile aus dem Vollen Drehen ist nicht so schwierig

Andrehen des Dichtsitzes

Die Abnahme der letzten Hundertstel erfolgt mit Feinschmirgel

Immer wieder messen ist Pflicht

mitlaufenden Körnerspitze abdrehen. Mit Feinschmirgel die letzten Hundertstel Millimeter abnehmen und gleichzeitig die Oberfläche versäubern. Immer wieder probieren, bis der Schaft in die Ventilführung passt. Den Schmirgel nicht nur mit den Fingern halten, sondern zwischen zwei Planteile (Sperrholz) klemmen. Dann mit einem halbkreisförmig geschliffenen Formstahl den Übergang von Schaft und Teller drehen. Anschließend mit einem schartenfreien 45 Grad-Drehmeißel die spätere Dichtfläche andrehen oder auch mit einer 45-Grad-Einstellung des Oberschlittens. Gegebenenfalls die Nut für die spätere Anbringung des Sicherungsringes anbringen. Wenn kein so feiner Drehstahl vorhanden ist, nehme man eine Puksäge, bringe einen Anschlag an (Stellring) damit man nicht abgleitet und arbeite mit leichten Sägebewegungen und langsamer Drehzahl. Das ist natürlich nicht fachmännisch, sondern nur „Bastlermechanik“. Zum Schluss das Spann-Ende abstechen und dann plan drehen. Fertig!

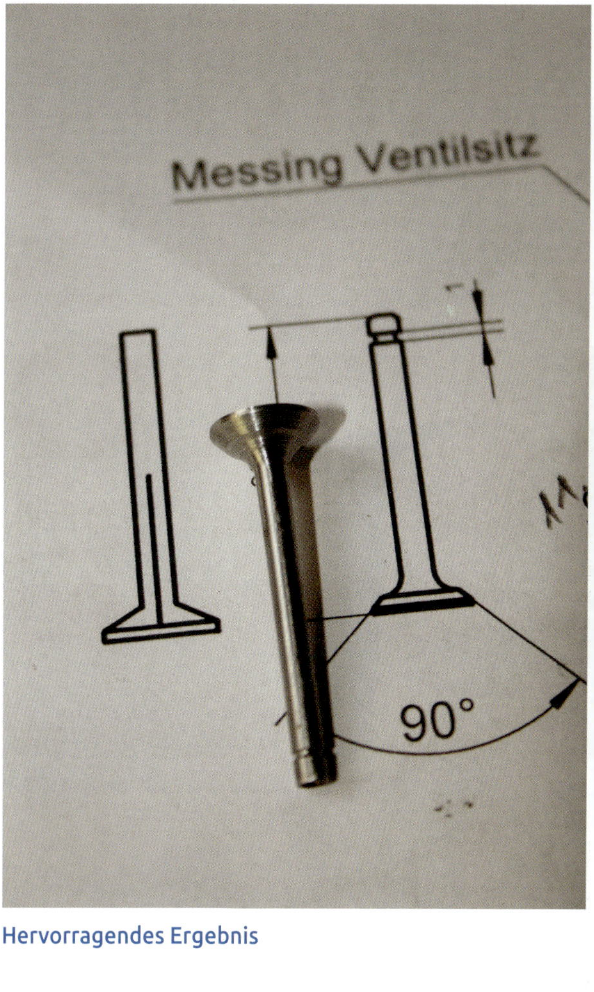

Hervorragendes Ergebnis

Kapitel 5: Kerzenschlüssel für Mini-Zündkerzen

Für unsere Modellmotoren werden häufig kleine Zündkerzen mit Schlüsselweite 8mm und den Gewinden 1/4×32 und M6×0,75 verwendet. Meist werden die Kerzen versenkt im Zylinderkopf angebracht und dann hat man ein Problem: Ein herkömmlicher Steckschlüssel hat einen zu großen Durchmesser und auch keinen Platz für den Keramikanteil der Kerze. Also machen wir aus einer M10-Inbusschraube den Schlüssel selber. Man drehe das Gewinde ab, gegebenenfalls rändeln. Mit einem 6-mm-Bohrer schaffen wir Platz für den Keramikanteil der Kerze. Den Außendurchmesser der Schraube noch ein wenig abdrehen und probieren, ob er passt. Zum Schluss noch eine Querbohrung für einen Knebel anbringen.

Diese Kerzenschlüssel entstehen aus einer M10-Inbusschraube

Kerzenschlüssel im Einsatz

Kapitel 6: Selbstbauhilfsmittel zum Ronden spannen

Unter einer Ronde versteht man einen runden Körper mit sehr geringer Höhe, wie zum Beispiel eine Münze. Es macht Mühe ein solches Teil im Dreibackenfutter zu spannen, sodass es sauber läuft. Mit dem hier gezeigten Selbstbaugerät gelingt es aber ganz leicht. In ein Vierkantstück aus Alu, zum Beispiel 10×10 mm wird ein Schlitz gefeilt oder gefräst, sodass ein Kugellager darin Platz findet. Die Achse wird dann mit etwas Loctite eingeklebt. Fertig! Dann spannt man mit mäßiger Spannung die Ronde ins Dreibackenfutter und drückt bei geringer Drehzahl mit dem Kugellager gegen die Ronde bis es nicht mehr flattert. Erst dann ganz fest spannen. Manchmal ist es hilfreich, die Ronde mit einem anderen Werkstück zu hinterlegen, damit man nicht mit dem Drehmeißel in die Futterbacken stößt.

Mit diesem Hilfsmittel gelingt das Spannen von Ronden ganz leicht

Hilfsmittel im Einsatz

Kapitel 7: Ein Selbstbaukantentaster

Ein Kantentaster dient zur genauen Positionsbestimmung an einem Werkstück vom Rand aus. Ein solches Gerät kann man leicht selbst herstellen. Ein Kugellager 6×10 mm wird auf ein Stück Silberstahl mit 6 mm Durchmesser an einem Ende mit ganz wenig Loctite angeklebt. Den Rand des Kugellagers kann man mit Filzstift mit Markierungen versehen. Man versetzt das Kugellager in mäßige Drehzahl und fährt dann das Werkstück an. Wenn das Kugellager das Werkstück berührt, hört es auf sich zu drehen. Man ist also in diesem Fall 5 mm, also den halben Kugellagerdurchmesser vom Werkstück entfernt. Soll also zum Beispiel 12 mm vom Rand entfernt eine Bohrung gesetzt werden, muss man 5+12=17 mm zustellen. Digitale Messschieber sind dabei eine große Hilfe. Noch einfacher ist es, ein Stück dünnes Papier zwischen Fräser und Werkstück zu halten. Wenn beim Anfahren der Fräser anfängt das Papier zu zerfetzen, ist die Werkstückkante erreicht. Ist es zum Beispiel ein 10 mm Fräser gilt das gleiche Rechenbeispiel wie vorher.

Der Kantentaster besteht eigentlich nur aus einem Kugellager und einer Achse

Kantentaster im Einsatz

Kapitel 8: Ein Spiegel vom Zahnarzt

Die kleinen Mundspiegel vom Zahnarzt sind mitunter sehr hilfreich, muss man doch mal um die Ecke schauen. Auch kann man damit Licht zum besseren Sehen irgendwo hinlenken. Auch eine zahnärztliche Pinzette und eine Sonde, ein spitzes Tastinstrument, können gute Dienste leisten. Fragen Sie doch mal höflich Ihren Zahnarzt, ob er so etwas Ausgemustertes übrig hat, denn alle drei Teile die der Zahnarzt sein Grundinstrumentarium nennt, sind Verschleißteile. Für unsere Bastelzwecke sind sie aber noch lange gut genug.

Hilfreiche Werkzeuge – direkt vom Zahnarzt

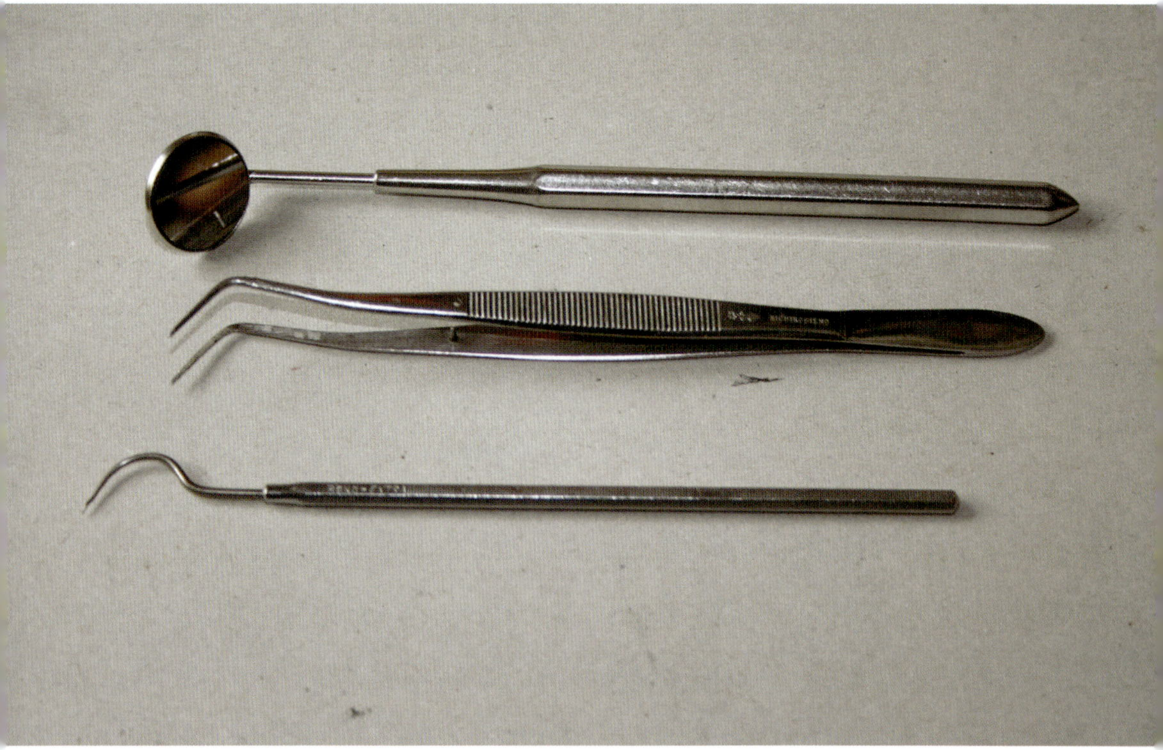

Kapitel 9: Vierkantteil im Dreibackenfutter

Es kommt oft vor, dass man ein Vierkantteil in der Drehmaschine bearbeiten muss, aber ein Vierbackenfutter ist nicht vorhanden. Wenn das Teil nicht allzu groß ist, hilft eine trickreiche Idee. Man fertigt eine Hülse aus Alu mit einem Innendurchmesser der gleich der Diagonalen des Werkstückes ist. Die Hülse wird der Länge nach aufgesägt und fertig ist die Spannzange! Das Werkstück wird eingeschoben und dann kann man es im Dreibackenfutter spannen.

Mit einer passenden Hülse lässt sich ein Vierkantteil auch im Dreibackenfutter spannen

Kapitel 10: Ein Spanndorn mit Innenspannung

Es kommt immer wieder vor, dass man ein Werkstück in der Drehmaschine bearbeiten muss, welches nur mit einer Innenspannung zu spannen ist. Dazu muss man einen für den Innendurchmesser des Werkstückes passenden Spanndorn herstellen. Eine Alustange wird auf den Innendurchmesser des zu bearbeitenden Teils abgedreht, zum Beispiel 10 mm. Dann ein M6-Gewinde in notwendiger Tiefe anbringen. Danach der Länge nach einsägen (ideal wären drei Schlitze, ist aber sehr aufwendig zu machen). Eine dann eingeschraubte Senkkopfschraube spreizt den Dorn und klemmt das Werkstück.

Einfach selbst gemacht – ein Spanndorn

Kapitel 11: Gussteile bearbeiten

Gussteile im Modellbau sind entweder aus Alu oder aus Grauguss und haben mitunter etwas Unheimliches an sich. Man muss zuerst eine Bezugsfläche fräsen, wonach sich alle anderen Flächen richten. Und dann kommt die Frage „Wie spannt man ein solches Teil, das manchmal mehr einem Hundeknochen gleicht, als einem mechanischen Bauteil?". Mitunter hilft es, zuerst mit der Feile oder dem Tellerschleifer vorzuarbeiten, damit es nicht total uneben ist (gegebenenfalls mit Anreißfarbe markieren). Schließlich muss es beim Fräsen absolut fest arretiert sein, im Maschinenschraubstock

Die Bearbeitung von Gussteilen erfordert einige Tricks

oder mit Spannpratzen. Ideal ist, wenn man an geeigneter Stelle eine oder mehrere Hilfsbohrungen anbringen kann und das Teil zum Beispiel im Aufspannwinkel festschrauben kann. Nervig ist bei Graugussteilen mitunter die sogenannte Gusshaut. Man sollte beim Fräsen etwas tiefer gehen und nicht nur die dünne Gusshaut erfassen, sonst macht man sich den Fräser schnell stumpf. Auch kann man beim Bohren mit HSS-Bohrer auf einen fast unüberwindbaren Gusskristall stoßen. Aber mit dem Fräser weiterbohren klappt fast immer. Idealer Weise sollte man das Gussteil weichglühen. Das ist aber eine Arbeit für den Profi (z.B. paradoxerweise eine Härterei).

Kapitel 12: Spitzenhöhe schnell einstellen

Das Erste, was ein Neuling an der Drehmaschine lernen muss, ist die sogenannte Spitzenhöheneinstellung. Am besten orientiert man sich an der Körnerspitze des Reitstocks. Dann kann man ein Probeteil plan drehen und schauen ob wirklich kein Zapfen stehen bleibt. Bedauerlicher Weise sind fast alle Drehmaschinen für den Amateur von Haus aus nur mit einem sogenannten Vierstahlhalter ausgerüstet, weil dieser preiswerter ist. Um die Spitzenhöhe sauber einzustellen, muss man den Drehmeißel mit einem oder mehreren Metallplättchen unterlegen, was eine nervige Angelegenheit ist, also ein richtiger Spaßverderber! Wohl dem, der einen Schnellwechselstahlhalter hat. Die kosten zwar einen Aufpreis, sind aber ihr Geld wert. **Tipp**: Wenn Sie eine Drehmaschine kaufen, bitte den Aufpreis für Schnellwechselstahlhalter nicht scheuen. Man braucht die Spitzenhöhe nur mit einer Schraube einstellen, dann festklemmen und fertig.

Ein Schnellwechselstahlhalter macht die Arbeit mit der Drehmaschine bedeutend einfacher

Test für die korrekte Einstellung der Spitzenhöhe – bleibt kein Zapfen stehen passt es

Kapitel 13: Schrauben an schwer zugänglichen Stellen eindrehen

Eine Schraube an einer schwer zugänglichen und schlecht einsehbaren Stelle einzuschrauben müssen, ist eine oft vorkommende Übung. Die Schraube fällt runter und das ganze Spiel geht von vorne los. Mit ein wenig Vaseline lässt sich die Schraube am Schraubendreher oder Steckschlüssel festkleben. Ja, man kann sogar etwas Uhu nehmen. Fällt eine Mutter ständig aus dem Schraubenschlüssel, hilft man sich mit einseitig aufgeklebtem Tesa, der die Mutter im Schlüssel festhält. Mitunter kommt es vor, dass eine Sechskantschraube im Steckschlüssel „versäuft". Dann einfach eine Mutter in den Steckschlüssel einlegen und die Schraube sinkt nicht mehr so tief ein.

Bild 31: Mit Vaseline kann man eine Schraube an den Schraubendreher „kleben"

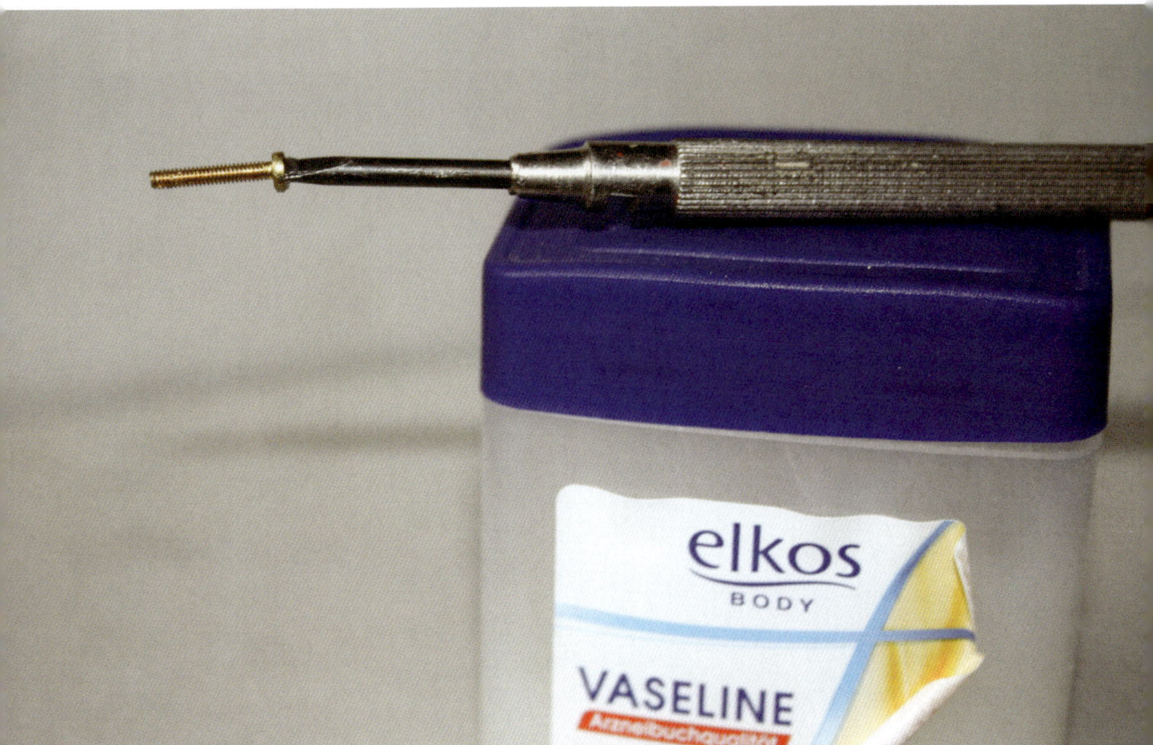

Kapitel 14: Gewinde bohren

Ein typischer Anfängerfehler hierbei ist es, den Gewindebohrer nicht in der gleichen Aufspannung wie das Bohrloch zu verwenden. Das führt unweigerlich dazu, dass das Gewinde schief in der Bohrung sitzt und bei einem langen Gewinde wird der Gewindebohrer irgendwann festklemmen. Meine Methode ist, nachdem die Bohrung gemacht wurde, den Gewindebohrer in der Bohrmaschine von Hand zirka zwei bis drei Gewindegänge einzudrehen, sodass er sauber ausgerichtet ist. Dann den Gewindebohrer aus dem Futter ausspannen, er steckt ja noch im Werkstück fest und dann kann man mit dem Windeisen weitermachen, und natürlich Schneidöl nicht vergessen. Den Gewindebohrer immer wieder ein Stück zurückziehen, um die Späne zu brechen. Ist es ein Sackloch, zuerst mit dem Durchgangsgewindebohrer beginnen und erst wenn es

Im Bohrfutter wird der Gewindebohrer angesetzt

Mit dem Windeisen wird dann weitergeschnitten

damit nicht mehr weitergeht mit dem Sacklochgewindebohrer fertig schneiden. Vorher aber noch die Späne rauspusten. Besonders bruchgefährdet sind die M2-Sacklochbohrer. Hier ist Fingerspitzengefühl gefragt. Für kleine Gewinde (M1 bis M3) eignet sich sehr gut ein kleines verstellbares Rundwindeisen, anstelle eines großen normalen Windeisens.

Kapitel 15: Unsymmetrische Teile im Schraubstock spannen

Hat man ein unsymmetrisches Werkstück, liegt beim Spannen nur eine Seite an der Schraubstockbacke gut an. Würde man dann anfangen weiter zuzudrehen, würde das Werkstück sich bewegen und schlecht klemmen. Fräsen wäre unmöglich. Ein Schraubstock hat deshalb auf einer Seite eine prismatische Einkerbung. Darin legt man zum Ausgleich ein Rundteil ein und beim Schließen des Schraubstocks bleibt das Werkstück in der richtigen Position gut gespannt. Besonders an der festen Backe muss eine sichere Anlage gewährleistet sein.

So lassen sich auch unsymmetrische Teile gut spannen

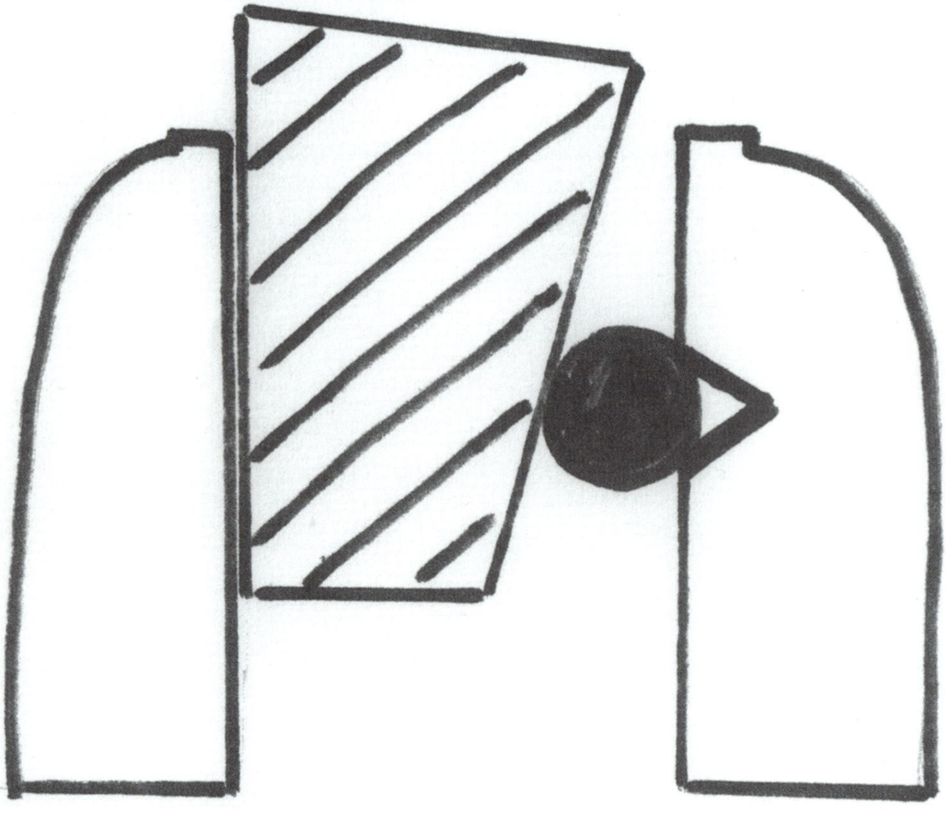

Kapitel 16: Wozu ein Filzstift gut ist

Um eine Markierungslinie, also eine Anreißlinie, besser sichtbar zu machen, färbt man die entsprechende Stelle vorher mit einem schwarzen oder blauen Filzstift an (als Ersatz für Anreißlack). Dann ist die Sichtbarkeit kein Problem. Ein besonderer Trick ist dabei, das Entlanggleiten an einem Werkstückrand mit dem Messschieber. Es entsteht dabei ein winziger Längenfehler, der aber meist vernachlässigbar ist. Will man den Mittelpunkt eines Quadrates oder Rechteckes finden, so stellt man bei der Schieblehre ein klein wenig mehr als die Rechtecklänge ein und klemmt fest. Dann reißt man beide Seiten an, dann dasselbe von der rechtwinkligen Seite. Dadurch entsteht eine Art Doppelkreuz und das Auge erkennt sehr leicht wo die Mitte ist und wo man den Körner einsetzen muss. Eine Uhrmacherlupe erleichtert das Anpunktieren.

Mit dem Messschieber kann sehr gut markiert werden

Das entstehende Doppelkreuz erlaubt eine genaues Erkennen der Mitte

Kapitel 17: Eine „Futter in Futter"-Spannung

Der Besitz eines Vierbackenfutters, besonders eines mit einzeln verstellbaren Futterbacken ist eine enorme Erweiterung der Möglichkeiten und oft auch eine Erleichterung. Aber jedes Mal an der Drehmaschine das Futter tauschen, ist lästig. Man kann es viel einfacher machen, vorausgesetzt die Drehmaschine ist nicht zu klein. Dann kann man das Vierbackenfutter im Dreibackenfutter spannen. In meinem Fall hat die Drehmaschine ein 100-mm-Dreibackenfutter und darin spanne ich ein 80-mm-Vierbackenfutter. Aber man sollte dabei beachten, dass man möglichst nur nahe beim Hauptlager der Maschine bearbeiten sollte. Weiter sollte man beachten, dass natürlich eine Auskragung, das heißt ein Hervorstehen aus der Lagerung des Drehmaschinenfutters entsteht.

Ungewöhnlich, aber praktisch: Die „Futter in Futter"-Spannung

Kapitel 18: Abstechen

Ich erinnere mich als ich noch ein Anfänger war, dass mir das Abstechen als Horrorarbeit vorkam. Eine leichte schwach motorisierte Drehmaschine und ein billiger, fertig gekaufter Stahl (im Set) waren, verbunden mit Unerfahrenheit, ungünstige Voraussetzungen.

Ein später verwendetes, im Halter montiertes Abstechmesser war schon etwas besser. Aber die abgestochenen Teile waren nie ganz plan und mussten nachträglich plan gedreht werden. Manchmal werden selbst gemachte Abstechmesser aus einem alten Sägeblatt empfohlen, mir graust es, wenn ich solche Vorschläge höre. Einem Inhaber einer CNC-Fräserei/-Dreherei erzählte ich von meinen Problemen und er schenkte mir ein professionelles Abstechwerkzeug mit auswechselbaren Blättchen. Welch ein Vergnügen damit zu arbeiten! Es entstehen vollkommen plane Abstechflächen. Wenn es nicht gerade Edelstahl ist, dann geht's wie mit dem heißen Messer durch die Butter. Aber aufpassen bei Alu. Dort bitte mit Schneidöl oder Spiritus schmieren. Den Stahl am besten auf Spitzenhöhe einstellen oder nur minimal darüber. Stellt man unter der Spitzenhöhe ein, besteht die Gefahr, dass bei unseren schwachen Hobbymaschinen das Werkstück sozusagen über den Abstechstahl klettert.

Mit solch einem Abstechwerkzeug ist die Arbeit eine Freude

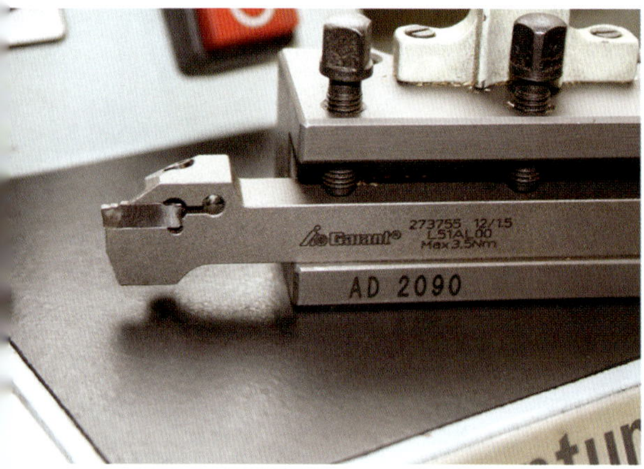

Abstechen gelingt damit perfekt

quantum®
GERMANY

Kapitel 19: Fräsmaschine mit digitalem Messschieber

Haben Sie eine Fräsmaschine, die nur über mechanische Skalen verfügt? Dann sollten Sie schleunigst digitale Messschieber anbringen. Warum? Mechanische Skalen sind nur wenig genau, die Spindeln haben alle mehr oder weniger einen toten Gang und vielleicht verzählt man sich beim Drehen an der Kurbel. Alle diese Fehler vermeidet eine digitale Skala. Sollte der Platz an der Fräse für die erforderliche Länge nicht ausreichen, schraubt man halt ein längeres Alustück an und darauf dann den Messschieber (war bei mir an der Y-Achse erforderlich). Wer es komfortabler haben will, besorgt sich für den Messschieber noch eine separate Anzeige zum bequemeren Ablesen. Natürlich beachte man, dass auch ein Messschieber nur innerhalb gewisser Toleranzen genau ist.

Ein digitaler Messschieber ist eine hervorragende Erleichterung bei der Arbeit

Kapitel 20: Schraubstock mit Messuhr justieren

Im vorigen Kapitel haben wir über digitale Messschieber an der Fräsmaschine gesprochen. Um aber damit saubere Ergebnisse zu bekommen muss ein eingespanntes rechtwinkliges Werkstück schön parallel zur X-Achse, bzw. rechtwinklig zur Y-Achse sein. In der Regel hat man das Teil im Maschinenschraubstock gespannt und dieses muss man mit Hilfe einer Fühlerhebelmessuhr ausrichten. Die gibt es für wenig Geld im Versandhandel. Dabei sollte der Zeiger nur wenige Hundertstel Millimeter pendeln. Wer keine Messuhr hat, kann es auch mit dem Kantentaster machen. Das ist weniger genau und zeitraubender, aber für unsere Bastlermechanik in den meisten Fällen genau genug.

Der Schraubstock wird mit der Messuhr justiert

Kapitel 21: Ein einfaches Selbstbautrowalisiergerät

Trowalisieren ist ein Gleitschleifverfahren. Auch für uns Bastler macht es manchmal Sinn wenn man kleine Teile mit stark zerklüfteten Oberflächen zum Entgraten hat, bzw. diesen einen gewissen Oberflächenglanz verpassen will. Man nehme eine Dose mit verschließbarem Deckel, bringe am Boden eine Achse in Form einer Schraube an und klebe innen zwei bis drei kleine Holzleisten an. Als Schleifmittel eignet sich Eisengranulat, Bimssteinmehl, Siliziumcarbid in verschiedenen Stärken und zum Hochglanzpolieren zerkleinerte Walnussschalen oder Sägemehl. Aber es gibt noch mehr Alternativen. Einfach probieren. Die Dose spannt man in den Akkuschrauber, dann eine langsame Drehzahl einstellen, geht ganz einfach mit einem Draht am Abzug. Durch biegen des Drahtes kann man die gewünschte Drehzahl einstellen. Ein paar wenige Stunden laufen lassen und das

Blick in die Schleiftrommel

Die Trommel im Einsatz am Akkuschrauber, der Draht am Abzug stellt die richtige Drehzahl ein

Ergebnis ist verblüffend. Professionell eingesetzt ist Gleitschleifen eine Wissenschaft für sich. Aber für unsere Bastelzwecke genügt ein solches vereinfachtes Verfahren.

Kapitel 22: Selbstbaugerät zum Bearbeiten von Zylinderinnenflächen mit Schmirgel (Ausschmirgelgerät)

Die Innenfläche von Hohlkörpern hat nach dem Drehen oft noch nicht die gewünschte Oberflächengüte. Da hilft nur ein Nacharbeiten mit feinem Schmirgel (800-1.200er Körnung). Dazu benötigt man ein einfaches Gerät, um den Schmirgel in den Hohlkörper zu bringen. Dann spannt man das Werkstück in die Drehmaschine und hält das Ausschmirgelgerät mit der Hand. Das ist natürlich keine super präzise Methode. Man muss darauf achten, dass man gleichmäßig über die Länge andrückt. Aber mit ein wenig Fingerspitzengefühl klappt das ganz gut. Gegebenenfalls kann man ein wenig Öl dazu geben. Um den Schmirgel einzuspannen ein Ende zwei bis drei Mal umfalzen. Bei kleineren Hohlkörpern genügt ein einfacher gesägter Schlitz im Werkzeug, in welchen der Schmirgel geklemmt wird.

Mit diesem simplen Gerät, lassen sich die Innenflächen von Hohlkörpern gut schleifen

In den Spalt wird der Schmirgelleinen geklemmt

Das Schmirgeln erfordert Fingerspitzengefühl – und Vorsicht!

Kapitel 23: Fahrradluftpumpe als Druckluftspender

Es passiert bestimmt, dass Sie irgendwo mal eine Dampfmaschine zeigen und vorführen wollen, aber keinen Aufwand haben wollen mit Anheizen und auch kein Kompressor zur Hand ist. Für eine kurze Vorführung genügt da eine Fahrradluftpumpe vollkommen. Es sollte aber schon eine Pumpe sein, die man stellen kann. Mit einer Handluftpumpe ist es bedeutend schwieriger. Am besten montiert man die Pumpe auf ein Brett. Bei einer Ausstellung hatten die Besucher, Groß und Klein, alle viel Spaß daran, eine kleine Dampfmaschine auf diese Weise selbst in Betrieb zu setzen.

Für kleine Vorführungen genügt eine Fahrradluftpumpe, um eine Dampfmaschine in Bewegung zu setzen

Kapitel 24: Bohrung in Gussteil ungenau platziert – wie korrigieren?

Wenn man eine Bohrung in einem Gussteil, ich meine da die etwas größeren Bohrungen, macht, sollte man niemals gleich mit dem endgültigen Durchmesser bohren. Da wäre oftmals schon die Bohrmaschine überfordert. Aber auch aus einem anderen Grund: Hat man die erste Bohrung gesetzt, kann man kontrollieren, ob sie korrekt platziert und nicht verlaufen ist. Falls jetzt eine Korrektur notwendig ist, darf man nicht mehr mit einem größeren Bohrer weitermachen. Er würde unweigerlich in das vorige Bohrloch gleiten. Jetzt mit einem Fräser weitermachen. Aber auch da Vorsicht. Sich nur mit mäßigem Vorschub langsam vorarbeiten. Und natürlich sollte das Gussteil bombenfest gespannt sein.

Ungenau platzierte Bohrungen kann man mit einem Fräser korrigieren

Kapitel 25: Plädoyer für gutes Werkzeug

Gewiss, wenn man gerade erst Fahrradfahren gelernt hat, wird man sich nicht gleich eine Harley Davidson anschaffen. Auch ich habe mit einer kleinen Drehmaschine angefangen und als Grundausstattung den billigsten Drehmeißelsatz genommen. Die Maschine war klein, schwach und leicht, der Meißelsatz von sehr mäßiger Qualität und wenn man Anfänger ist, tut man sich dann doppelt schwer, sucht die Fehler nur bei sich selbst, ist frustriert und verliert die Lust. Nichts geht über gutes Werkzeug! Ist natürlich viel teurer, langfristig aber vielleicht billiger. Als Drehmeißel nehme ich fast nur solche mit Wendeplatten. Meine Drehmaschine hat natürlich einen Schnellwechselstahlhalter und ist auch kein Superleichtgewicht. Die gleichen Überlegungen gelten natürlich auch für eine Fräsmaschine. Eine Alternative ist natürlich eine gebrauchte Industriemaschine. Aber da sollten Sie einen Fachmann hinzuziehen, damit man nicht ein ausgeleiertes Exemplar erwischt. Grundsätzlich gilt beim Maschinenkauf, das Gleiche wie wenn man heranwachsenden Kindern Schuhe kauft, nämlich lieber eine Nummer zu groß. Eine größere Maschine hat einfach ein ganz anderes Schwingungsverhalten. Fahren Sie mal einen Feldweg mit einem Goggomobil und dann mit einer großen Limousine. Dann wissen Sie was ich meine.

Gutes Werkzeug zahlt sich aus

Kapitel 26: Ein paar Weichlöt-Tipps

Vor dem Löten haben die meisten Einsteiger in den Modellbau etwas Angst. Die muss man einfach überwinden.

Im Modellbau werden fast nur Messingteile miteinander weich verlötet, selten Stahl oder Kupfer. Wir benötigen einen Arbeitsplatz mit einer Ecke aus Schamotteplatten (Baumarkt) und einen Lötbrenner. Weiter Weichlot- und Verzinnungspaste sowie das Weichlot. Wenn wir zwei Teile zusammenlöten wollen, müssen sie miteinander gut fixiert sein. Die zu verbindenden Flächen vorher gut mit Stahlwolle oder ähnlichem säubern. Dann Weichlotpaste auftragen. Jetzt ganz wichtig: Nicht die Paste erhitzen, sondern mit der Flamme die zu verbindenden Teile erhitzen, bis dass Zinn aus der Paste ausfällt. Dann stimmt die Temperatur. Jetzt „tupfend" Weichlot hinzugeben. Niemals versuchen, das Weichlot mit der Flamme zu erhitzen. Abkühlen lassen und nicht abschrecken. Auch wichtig: Es sollen keine leicht entflammbaren Gegenstände in der Nähe sein. Ein Eimer Wasser oder Feuerlöscher sind kein Fehler. Lot fließt nur in kapillare Spalte oder kleine prismatische Vertiefungen. Will man eine H7-Bohrung mit einem Rundteil verlöten dann die Bohrung etwas ansenken, damit da das Lot die Teile verbinden kann. Wer noch nie gelötet hat, sollte vorher üben. Eigene Erfahrung ist oft mehr wert als irgendwelche Lehrbuchweisheiten.

Löten ist keine Hexerei

Kapitel 27: Ein paar Hartlöt-Tipps

Teile, die mechanisch und thermisch beansprucht werden (z.B. Auspuff und Kessel) müssen hartgelötet werden. Es wird immer wieder behauptet, zum Hartlöten benötige man eine Flamme mit Sauerstoffzufuhr. Das ist aber nur bei größeren Teilen und beim Löten von Kupfer notwendig. Kleinere Messingteile lassen sich gut mit einem normalen Lötbrenner hartlöten. Die zu lötenden Teile müssen vorher akkurat mit Stahlwolle gesäubert werden. Dann Flussmittel auftragen. Jetzt die Teile bis zur ganz schwachen Rotglut erhitzen und Kontakt der Flamme mit dem Flussmittel vermeiden. Zügig erhitzen damit das Flussmittel nicht verzundert. Dann von der Hartlotstange ein Stück abschmelzen und auf der Lötstelle ablegen. Jetzt weiter erhitzen bis das Hartlot in die Ritze, Kerben, Spalten, usw. fließt. Abkühlen lassen. Mit Wasser abspülen oder eine Weile in Essigwasser legen. Für den Modellbau gut geeignete Lötutensilien gibt es bei Bengs (siehe Bezugsquellen). Vorher üben, bevor es ernst wird.

Mit ein bisschen Übung gelingt auch das Hartlöten problemlos

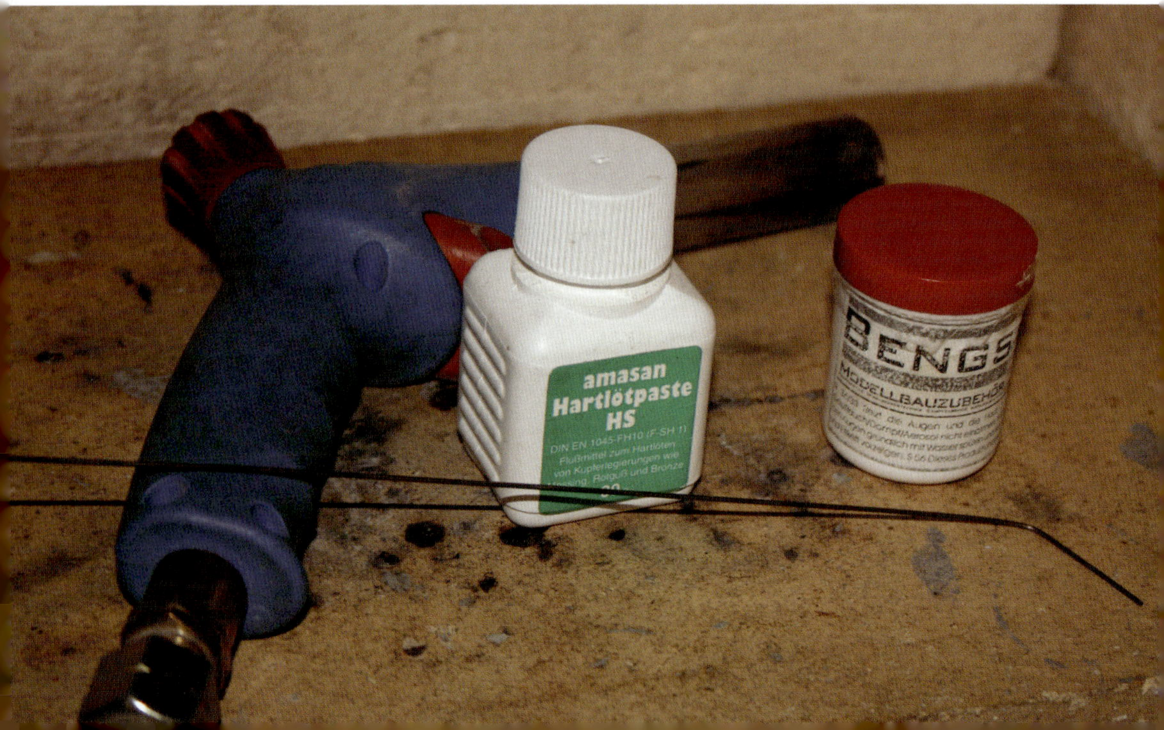

Kapitel 28: Ventile für Verbrennungsmotoren einschleifen

Verbrennungsmotoren müssen eine gute Kompression haben. Eine mangelhafte Kompression liegt meist an schlecht eingeschliffenen Ventilen. Schon beim Drehen der Ventile darauf achten, dass die Dichtfläche schartenfrei ist (siehe Kapitel 4). Auch der Ventilsitz muss sauber gesenkt sein, ohne Rattermarken. Mit einem neuen scharfen Senker und mit geringer Drehzahl arbeiten und natürlich die Bohrung und das Senken in der gleichen Aufspannung vornehmen. Zum Einschleifen nehme ich zuerst feines Siliziumcarbidpulver (Karborund) mit dünnem Öl vermischt. Das ergibt ein ganz feines, sandiges, reibendes Geräusch. Wenn Ventil und Ventilsitz schön gleichmäßig eingeschliffen sind, kann man mit feiner Hochglanzpaste (z.B. Autosolchromglanz) weitermachen. Grundsätzlich sollte man nicht nur durch Drehen einschleifen sondern oszillierend (vor und

Das Einschleifen von Ventilen ist ein wichtiger Arbeitsschritt

Gut eingeschliffen sind die Ventile die Grundlage für einen guten Motor

zurück) und immer wieder abheben damit neues Schleifmittel nachfließen kann. Tipp: Den Schaft des Ventils mit einer Kunststoffhülse oder ähnlichem verlängern, dann lässt es sich besser zwischen den Fingern drehen.

Optimal eingeschliffen sind die Ventile erst wenn der Motor eingelaufen ist. Deshalb haben gut eingelaufene Motoren eine bessere Kompression als ganz Neue.

Kapitel 29: Düsennadel für Vergaser von Modellmotoren

Die beste und einfachste Methode zur Herstellung einer Düsennadel ist die Verwendung einer entsprechend dicken Nähnadel. Diese wird einfach mit Schraubenkleber in die Düsennadeldrehschraube eingeklebt. Es gibt aber auch die Situation, in der das konstruktiv bedingt nicht klappt. Nur ein so dünnes Teil (aus Edelstahl) zu drehen, gelingt schlecht. Entweder weicht das Teil einfach aus oder es bricht dann sogar. Deshalb nehme man eine Feile statt Drehmeißel und feile mit mäßigem Druck (damit man nichts verbiegt) die konische Form bei mittlerer Drehzahl. Zum Schluss arbeite man mit einer feinen Feile und ganz zum Schluss mit feinem Schmirgel, dass man zwischen den Fingern hält.

Die Fertigung einer Düsennadel erfordert Fingerspitzengefühl

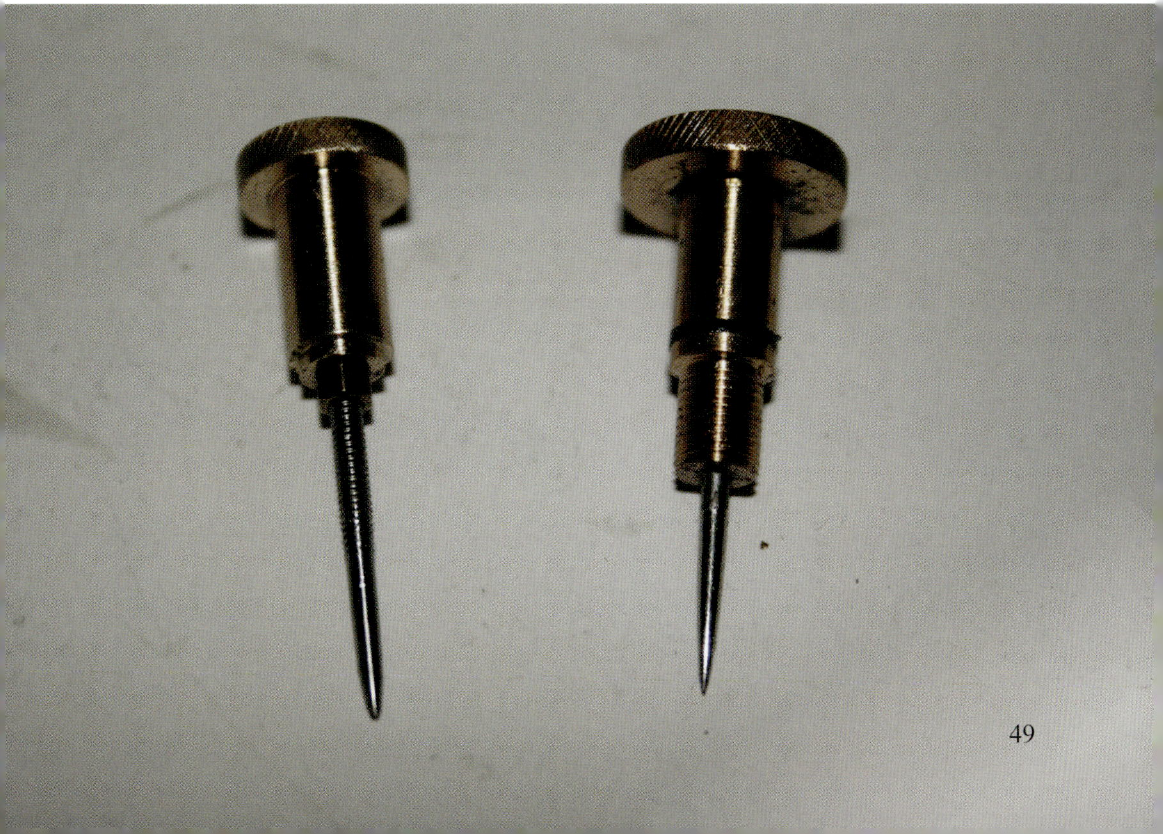

Kapitel 30: Der Lichtspalttest

Will man prüfen ob eine Fläche oder ein Rundteil wirklich ganz gerade oder eben ist, legt man einen Anschlagwinkel, Haarlineal oder ähnliches darauf und hält das Ganze gegen ein helles Licht. Wenn es uneben, bzw. nicht ganz gerade ist zeigt sich ein kleiner Lichtspalt. Das gleiche Verfahren kann man auch anwenden, wenn man einen Kolben im Zylinder prüft. Zeigt sich ein noch so winziger Lichtspalt, ist der Kolben reif für die Schrottkiste. Wer meint die Kolbenringe werden es dann schon richten, der irrt. Ein Kolben sollte nur zwei bis drei Hundertstel Millimeter weniger haben, als der Zylinder. Die Kolbenringe sind nur noch das „Tüpfelchen" auf dem i. Teilweise haben meine Motoren gar keine Kolbenringe und dennoch eine ausgezeichnete Kompression. Der Lichtspalttest ist also für Kolben letztlich untauglich. Hier hilft nur messen mit dem Mikrometer.

Der Lichtspalt bringt es an den Tag

Kapitel 31: Die Spiralfedernsammlung

Im Modellbau brauchen wir immer wieder kleine Spiralfedern, die man natürlich kaufen kann. Aber viele kleine Dinge des täglichen Bedarfs besitzen solche Spiralfedern. Vor allem Kugelschreiber, aber auch die kleinen Sprayflaschen, wie Nasenspray oder kosmetische Sprays oder solche für medizinische Zwecke. Wenn so ein Teil leer geworden ist, nicht einfach wegwerfen, sondern „schlachten“ und die Spiralfeder entfernen und in der Sammlung ablegen. Wenn Ihr Partner Sie dann als Lumpensammler tituliert, dann müssen Sie halt am besten nur lächeln…Auch bei vielen anderen defekten Gebrauchsgegenständen lohnt sich das Ausschlachten. Viele Kleinteile, Schrauben und noch manches mehr kann man irgendwann gebrauchen.

Spiralfedern – und vieles andere mehr – lassen sich aus Gebrauchsgegenständen gewinnen

Kapitel 32: Eine Backsteinimitation

Unsere Modelle, die wir bauen, sollen nicht nur funktionieren, sondern auch optisch etwas her machen. Ein Gestaltungsmittel für den Sockel ist es, diesen mit einer Backsteinimitation zu verzieren. Natürlich gibt es auch richtige kleine Steine zu kaufen, deren Verarbeitung ist aber viel aufwändiger. Eine Imitation zu machen geht ganz einfach: Den Sockel zuerst grundieren, am zweckmäßigsten in Weiß. Dann aus buntem Karton, Farbe Ziegelrot bis Braun, entsprechend große Kartonstücke ausschneiden und mit Alleskleber aufkleben. Man orientiere sich auf einem Foto oder in Natura wie der Maurer eine solche Klinkermauer aufgemauert hat. Dann ein bis zwei Mal mit farblosem Mattlack überlackieren. Fertig! Man muss schon genau hinschauen, um zu erkennen, dass die Mauer nicht echt ist.

Es bedarf schon eines scharfen Auges, um zu erkennen, dass diese Mauer aus Karton ist

Kapitel 33: Draht biegen

Draht biegen ist durchaus eine kleine Kunst. Eine Berufsgruppe, die das perfekt beherrscht sind die Fachzahntechniker für Kieferorthopädie. Es gibt verschiedene Drahtqualitäten und Durchmesser, z.B. weich, hart, federhart. Die grundsätzliche Technik ist, mit der Zange den Draht zu halten und mit den Fingern zu biegen. Nur wenn es ganz kleine Biegeradien sind wird man eine zweite Zange zur Hilfe nehmen. Beim Biegevorgang ändert sich die Materialqualität, der Draht wird härter und spröder. Deshalb bricht er, wenn man mehrfach biegt. Sehr wichtig bei den Zangen ist, dass sie gut in der Hand liegen und einen ordentlichen Griff haben. Viele angebotene Bastelzangen haben einen solch mickrigen Griff, dass man sie kaum ordentlich halten kann. Ja, es geht halt nichts über gutes Werkzeug.

Draht biegen ist eine Kunst – mit dem richtigen Werkzeug aber schon einfacher

Kapitel 34: Bohrungen in schräge Flächen einbringen

Würde man in schräge Flächen wie gewohnt vorgehen, der Bohrer bzw. Zentrierbohrer würde weglaufen, vielleicht sogar brechen und das Bohrloch wäre sicher nicht richtig platziert. Nur bohren in eine zum Bohrer rechtwinkligen Fläche funktioniert gut. Deshalb bei schrägen Flächen erst eine solche rechtwinklige Fläche schaffen. Das geht einfach mit einem Fräser, den man nur etwas eintaucht. Aber auch da vorsichtig und nur mit geringem Vorschub arbeiten. Das hier geschilderte schräge Flächenproblem taucht gerne auf, wenn man bei Schwungrädern die Bohrung für das danach zu schneidende, Gewinde anbringen muss.

Um Bohrungen in schräge Flächen einzubringen am besten mit einem Fräser vorarbeiten

Kapitel 35: Messingteile biegen

Messing ist bekanntlich kein besonders hartes Material und wer meint, deshalb sei es auch leicht zu biegen, irrt gewaltig. Da verhält es sich sehr widerspenstig. Wir müssen es gefügig machen durch weichglühen. Das zu biegende Messingteil mit dem Lötbrenner bis kurz vor beginnender Rotglut erhitzen und dann abkühlen lassen. Dann lässt es sich ein Stück weit biegen, aber nicht beliebig viel. Beim Biegevorgang wird das Material wieder härter und spröder, genau wie beim Draht biegen. Dann muss man wieder weichglühen und kann ein Stück weiterbiegen. Gegebenenfalls muss man also mehrfach weichglühen, bis man das Teil fertig gebogen hat. Es gibt viele verschiedene Sorten von Messing. Je nachdem reagieren sie unterschiedlich auf das Weichglühen.

Messing lässt sich durch Weichglühen leichter biegen

Kapitel 36: Für Einsteiger an der Fräsmaschine

Zuerst kauft man sich eine Drehmaschine. Gut so. Aber man wird bald merken, dass man auch eine Fräsmaschine braucht. Aber Fräsen ist ganz anders und meines Erachtens nach anspruchsvoller. Hier kommt nämlich hinzu, dass man es mit drei Dimensionen zu tun hat, statt nur mit zwei. Und auch die Technik ist eine andere. Beim Drehen ist die Spanabnahme kontinuierlich, beim Fräsen nimmt jede Schneide des Fräsers ein Stück ab, sozusagen gequantelt. Eine der wichtigsten Vorgehensweisen ist das Spannen des Werkstücks, angeschraubt im Aufspannwinkel oder mit Spannpratzen festgezurrt. Das Werkstück muss perfekt festsitzen. Hat man es im Maschinenschraubstock gespannt, ist es erlaubt, mit dem Kunststoffhammer (sogenannter rückschlagfreier Hammer) auf den Schlüssel des Schraubstocks zu klopfen, damit es wirklich gut geklemmt ist. Und dann ist es noch empfehlenswert das Werkstück selbst fest in den Schraubstock zu klopfen. Was auch noch wichtig ist, die Klemmleisten an der Maschine dürfen kein Spiel haben. Es muss alles ganz bombenfest sein. Maschine und Werkstück müssen sozusagen eine Einheit bilden. Unsere Amateur-Fräsmaschinen darf man nicht überfordern. Im Vergleich zu professionellen Maschinen ist auch eine schwere Amateurmaschine ein Super-Leichtgewicht. Man sollte immer nur maßvoll zustellen und keine große Schrittgeschwindigkeit wählen. Und natürlich beachte man die sogenannte Gegenlaufregel, also Zustellungsrichtung und Drehrichtung der Schneiden des Fräsers aufeinander zukommend. Auch sollte der Schnittdruck bei im Schraubstock gespannten Teilen immer gegen die feste Backe des Schraubstocks gerichtet sein. In diesen Punkten sei auf entsprechende Fachliteratur verwiesen (siehe Anhang).

Kapitel 37: Ein Uhrmacherstichel

Die alten Uhrmacher, welche noch an einer Uhrmacherdrehmaschine zu arbeiten gelernt haben, waren wahre Künstler. Sie benutzen noch sehr häufig einen Stichel an der Drehmaschine. Aber auch für uns ist ein solcher Stichel ein nützliches Werkzeug. Ich benütze ihn hauptsächlich, um bei kleineren Teilen anzufasen. Aber Vorsicht: Niemals freihändig. Den Stichel immer am Support abstützen. Die Technik ist also nicht ganz ungefährlich und man sollte schon einige Dreherfahrung und Materialgefühl entwickelt haben, bevor man solchermaßen arbeitet. Bei größeren Teilen sollte man dazu besser einen 45-Grad-Drehmeißel nehmen. Auch zur Ausarbeitung von kleinen Rechteckstufen ist ein Stichel gut zu gebrauchen.

Ein Uhrmacherstichel kann bei vielen Arbeiten hilfreich sein

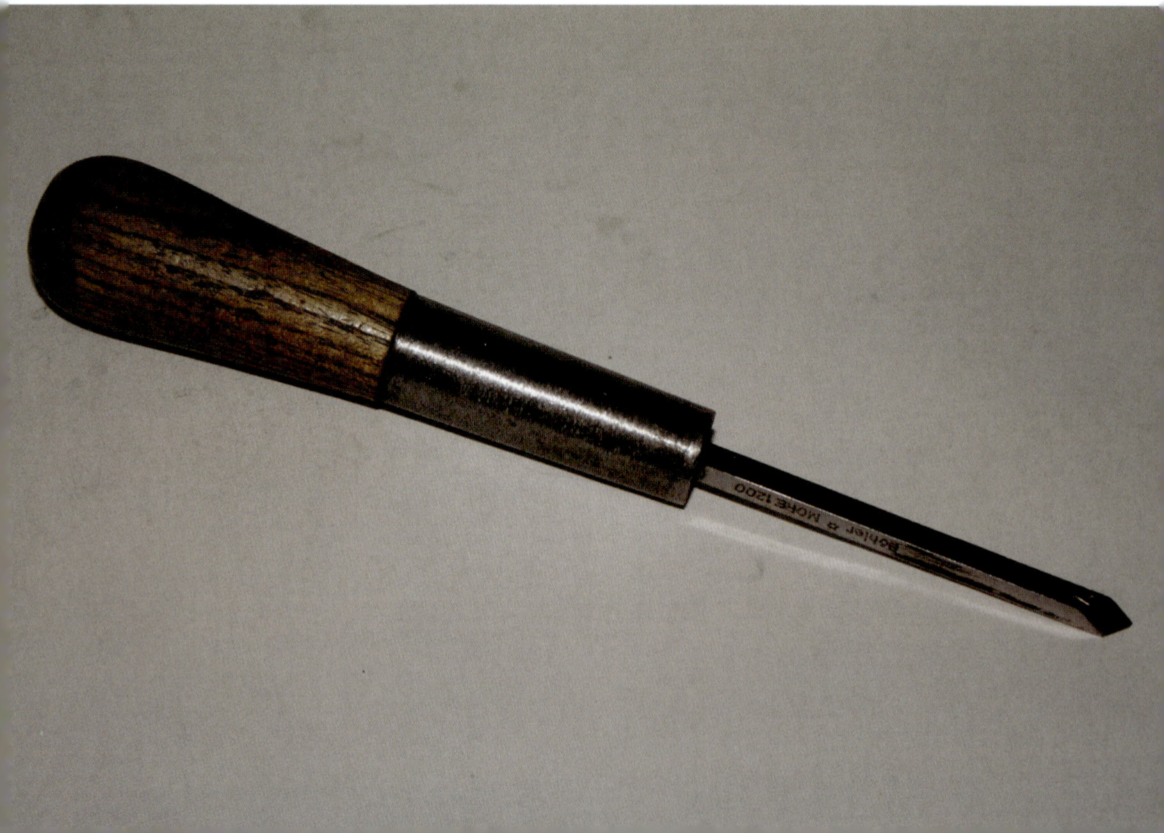

Die Arbeit mit dem Stichel ist nicht ganz ungefährlich

Kapitel 38: Ein nostalgischer Elektroschalter

Verbrennungsmotoren brauchen Strom für die Zündung, in der Regel 12 Volt und natürlich Gleichstrom. Da es sich meistens um nostalgische Modelle handelt, passt ein moderner Schalter eigentlich nicht. Ein nostalgisch anmutender Schalter fügt sich da viel besser ein. Zutaten: Vierkantmessing, Flachmessing und ein kleines Stück Rundmessing, aus welchem man den Griff dreht. Flachmessing und Griff werden zusammengelötet und in das Vierkantmessing ein Schlitz angebracht, und zwar in der Dicke des Flachmessings. Dann das Gelenk einschrauben und schon ist es fertig. Das Ganze muss natürlich auf einer nicht leitenden Unterlage montiert werden. Beim Einschalten entsteht meist ein kleiner Funke und signalisiert, dass Strom vorhanden ist. Nur in einer bestimmten Stellung des Unterbrechers entsteht kein Funke am Schalter. Der Funke ersetzt gewissermaßen die Kontrollleuchte und diesem Schalter sieht man auch sofort an, ob er an oder aus ist.

Funktionsfähig und optisch ansprechend – ein nostalgischer Elektroschalter

Kapitel 39: Kolben drehen

Grundsätzlich dreht man zuerst den Zylinder fertig und richtet danach den Kolben, nicht umgekehrt. Es kommt dann nicht unbedingt auf ein absolut genaues Maß an, sondern darauf, dass der Kolben genau in den vorhandenen Zylinder passt. Die letzten Hundertstel Millimeter sollte man nicht mehr abdrehen, sondern ganz vorsichtig und mit viel Geduld mit feinem Schmirgel (1.000er) abnehmen. Den Schmirgel so über den Kolben spannen, dass er gleichmäßig anliegt. Die Gefahr dabei ist, dass der Abtrag nicht gleichmäßig erfolgt. Das kann man mit einem Mikrometer überprüfen, ein Messschieber ist da viel zu ungenau. Dann immer wieder probieren, bis der Kolben „saugend und schmatzend“ im Zylinder gleitet. Wenn man forciert arbeitet kann es sein, dass der Kolben sich dabei erwärmt und ausdehnt und nachher zu viel Spiel hat. Diese Gefahr ist bei Alu gegeben. Aus diesem Grund empfehle ich als Kolbenmaterial Grauguss. Bei Alukolben hatte ich schon mehrfach wegen der starken thermischen Ausdehnung einen Kolbenfresser. Außerdem hat Grauguss (GG25) wegen des Kohlenstoffanteils selbstschmierende Eigenschaften. Im professionellen Bereich sind Kolben eine eigene Wissenschaft (z.B. leichte Ovalform und auch konisch). Soll der Kolben keine Ringe bekommen kann man gegebenenfalls ein paar Schmutzrillen anbringen.

Die letzten Hundertstel Millimeter bei der Anfertigung von Kolben nimmt man am besten mit feinem Schmirgel ab

Kapitel 40: Sägen

Als kleine Mädchen oder Buben haben wir bei Laubsägearbeiten gelernt das Sägeblatt so einzuspannen, dass die Zähne zum Griff zeigen. Und mit einem feinen Sägeblatt lassen sich auch dünne Metallscheiben sägen. Aber meist wird man im Modellbau mit einer kleinen Handbügelsäge arbeiten (PUK-Säge). Und da ist es genau umgekehrt. Die Zähne des Sägeblattes müssen vom Griff weg zeigen. Beim Sägen damit verläuft der Sägeschnitt oftmals nicht genau in die gewünschte Richtung. Man kann sich dadurch helfen, dass man das Werkstück so in den Schraubstock spannt, dass man leicht

Bei einer PUK-Säge müssen die Zähne vom Griff weg zeigen

Mit einem Kreissägeblatt kann man in der Bohr-/Fräsmaschine sägen

gegen die Backen sägt und dann an diesen eine Führung hat. Auch sollte man darauf achten, dass immer möglichst viele Zähne gleichzeitig im Eingriff sind. Dasselbe gilt auch bei einem Kreissägeblatt in der Bohr-/Fräsmaschine. Gegebenenfalls Schneidöl benutzen.

Kapitel 41: Zwei identische Teile herstellen

Wenn man zwei exakt gleiche Teile benötigt ist es oft so, dass das angegebene Maß gar nicht so exakt gefordert ist, sondern es kommt besonders darauf an, zwei absolut identische Teile zu fertigen. Um das hinzukriegen verbindet man die Teile miteinander, indem man sie mit Schraubenkleber verklebt oder, wenn möglich, sogar miteinander weich verlötet. Dann kann man sie in der Fräsmaschine in einer Aufspannung bearbeiten oder auch bohren. Mit Erhitzen lassen sich die Teile leicht wieder trennen. Manchmal kann man auch ein Teil mit der doppelten Länge plus Sägezuschlag herstellen und, wenn alles gebohrt ist, trennen (z.B. Kurbelwangen). Mitunter kann man ein bereits hergestelltes Teil auch als Bohrschablone hernehmen, auch dann sollte man es auf das andere Teil kleben und nicht nur darauflegen. In diesem Fall genügt sogar normaler Alleskleber. Aber bitte warten bis dieser ausreichend fest ist.

Zur Fertigung identischer Teile kann man das Grundmaterial zusammenkleben oder verlöten

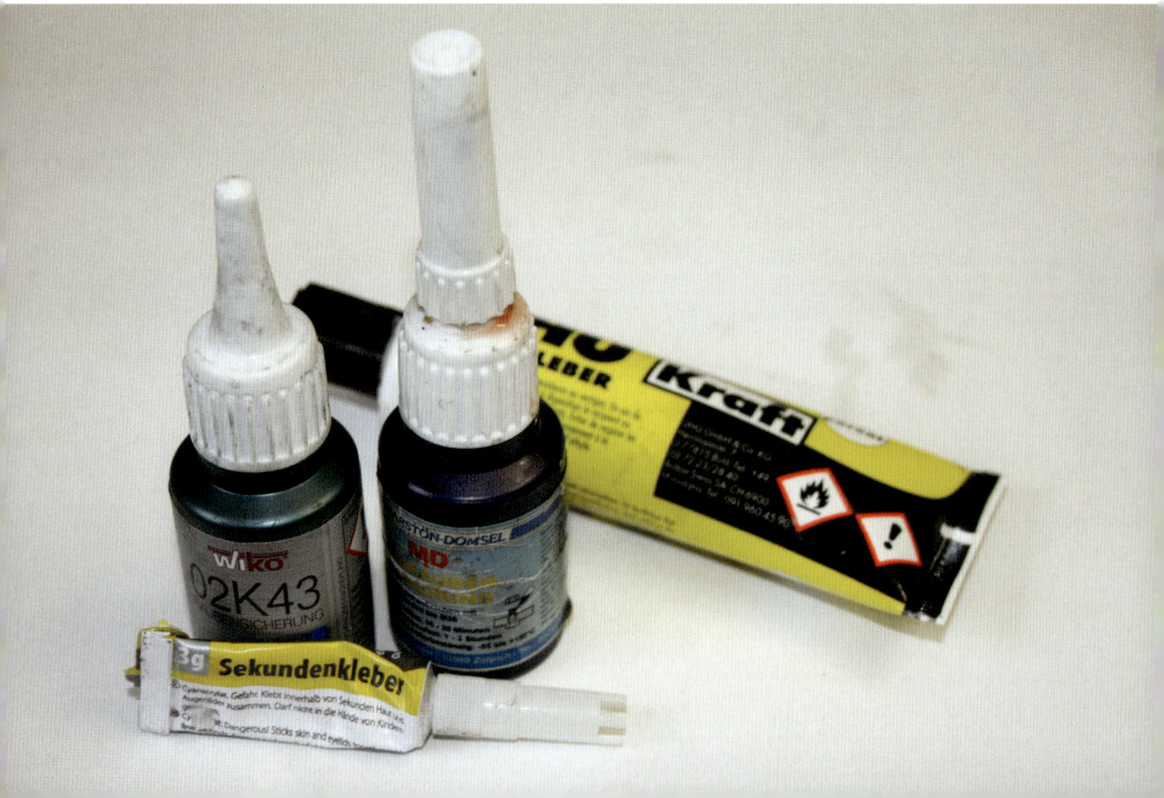

Kapitel 42: Zubehör für Feinschleifer

Feinschleifer (Proxxon, Dremel und andere) sind in der Werkstatt nützliche kleine Helfer. Es gibt dafür jede Menge Zubehör, aber doch nicht alles. So ist ein sogenannter Sandpapierhalter, wie ihn die Zahntechniker zum Ausarbeiten von Kunststoff benutzen, kaum im Angebot. Man kann natürlich so ein Ding selber machen, es ist aber viel einfacher, wenn Sie es Ihrem Zahnarzt oder Zahntechniker abbetteln… Im Prinzip ist es ähnlich gebaut wie unser Ausschmirgelgerät (Kapitel 22) nur viel kleiner. Damit lassen sich viele Kleinteile ausarbeiten, bzw. versäubern.

Nützliches Zubehör: Ein Sandpapierhalter

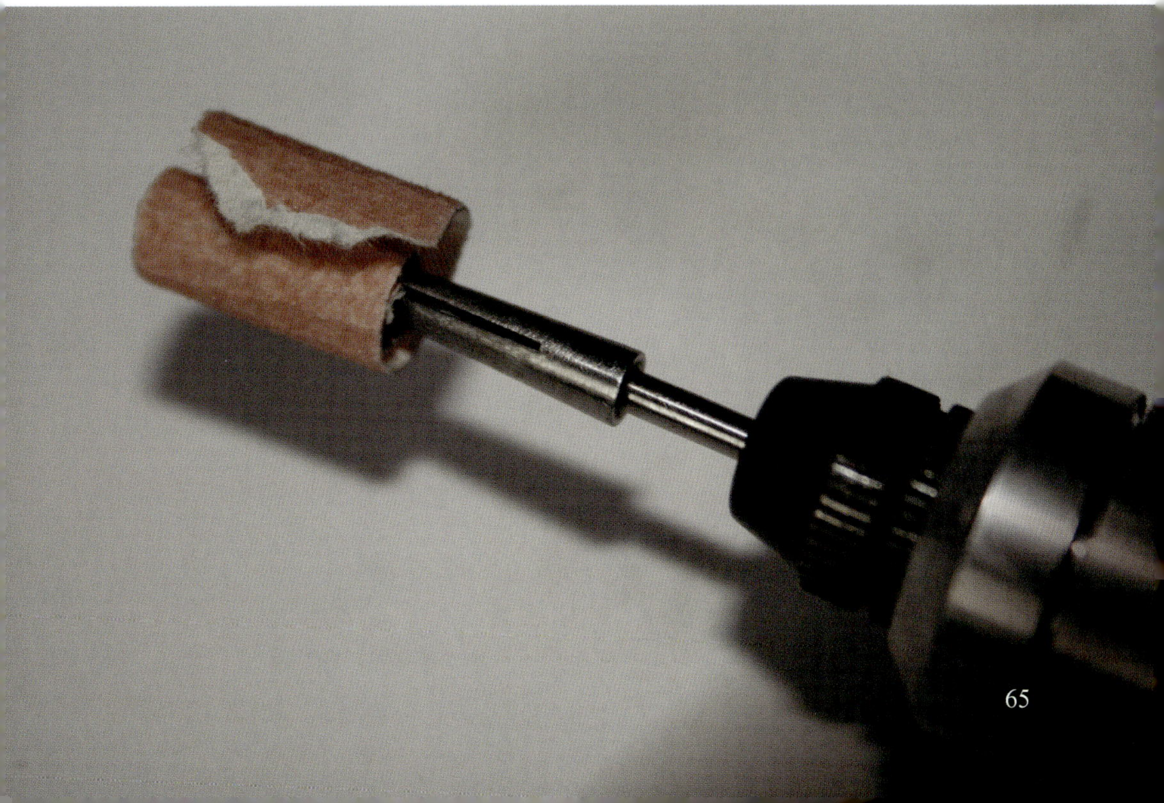

Kapitel 43: Adapter für größere Rohre in der Drehmaschine

Ein längeres Rohrstück kann man nicht mehr fliegend spannen, aber für die mitlaufende Körnerspitze ist es zu groß. Kein Problem! Wir machen einen Adapter, am besten aus Alu, der auf der einen Seite genau mit einer Stufe in das Rohr passt und auf der anderen Seite eine Vertiefung, mit einem Zentrierbohrer angefertigt, zur Aufnahme der Körnerspitze hat. Solche individuellen Hilfsteile braucht man immer wieder. Oft benötigt man mehr Zeit für die Erstellung des Hilfsteils, als für die Fertigung des eigentlichen Werkstückes.

Größere Rohre lassen sich mit einem Adapter in der Drehmaschine einspannen

Kapitel 44: Exzentrische Bohrung

Für Dampfmaschinen braucht man häufig die Exzenterscheiben für die Schiebersteuerung. Die dafür notwendige exzentrische Bohrung ist einfach im Dreibackenfutter herzustellen. Man unterlegt einfach eine Futterbacke mit einem Metallplättchen entsprechender Dicke. Eine mit dieser Methode ebenfalls mögliche Herstellung eines exzentrischen Zapfens ist aber nicht empfehlenswert. Dazu nehme man ein Vierbackenfutter mit einzeln verstellbaren Backen. Hierzu sei auf die weiterführende Fachliteratur verwiesen. Wer die Möglichkeit hat, kann auch ein kleines Dreibackenfutter in das Vierbackenfutter einspannen und mit einer Messuhr den Hub einstellen.

Auch exzentrische Bohrungen lassen sich im Dreibackenfutter herstellen

Mama hat gesagt, ich soll nicht mit dem Finger in der Nase bohren!
K. B.

Kapitel 45: Dreipunktklemmung mit Madenschrauben

Bei unseren Modellen ist die allgemeine Methode irgendwelche Zahnräder, Exzenterscheiben, Nocken, Unterbrecherscheiben und dergleichen nur mit einer einzigen Schraube, meist eine M3-Madenschraube festzuklemmen. In allen Bauplänen wird es so dargestellt. Es ist aber besser zwei Madenschrauben zu nehmen, die man in einem 120-Grad-Winkel zueinander platziert. Das ergibt effektiv eine Dreipunktklemmung. Es wäre also wenig sinnvoll die zweite Schraube genau gegenüber anzubringen. Zwei Schrauben klemmen besser als eine. Sollte sich mal eine lösen ist nicht gleich alles verstellt. Und bei Dreipunktlagerung ist auch die Zentrierung deutlich besser.

Eine Dreipunktklemmung lässt sich einfach realisieren

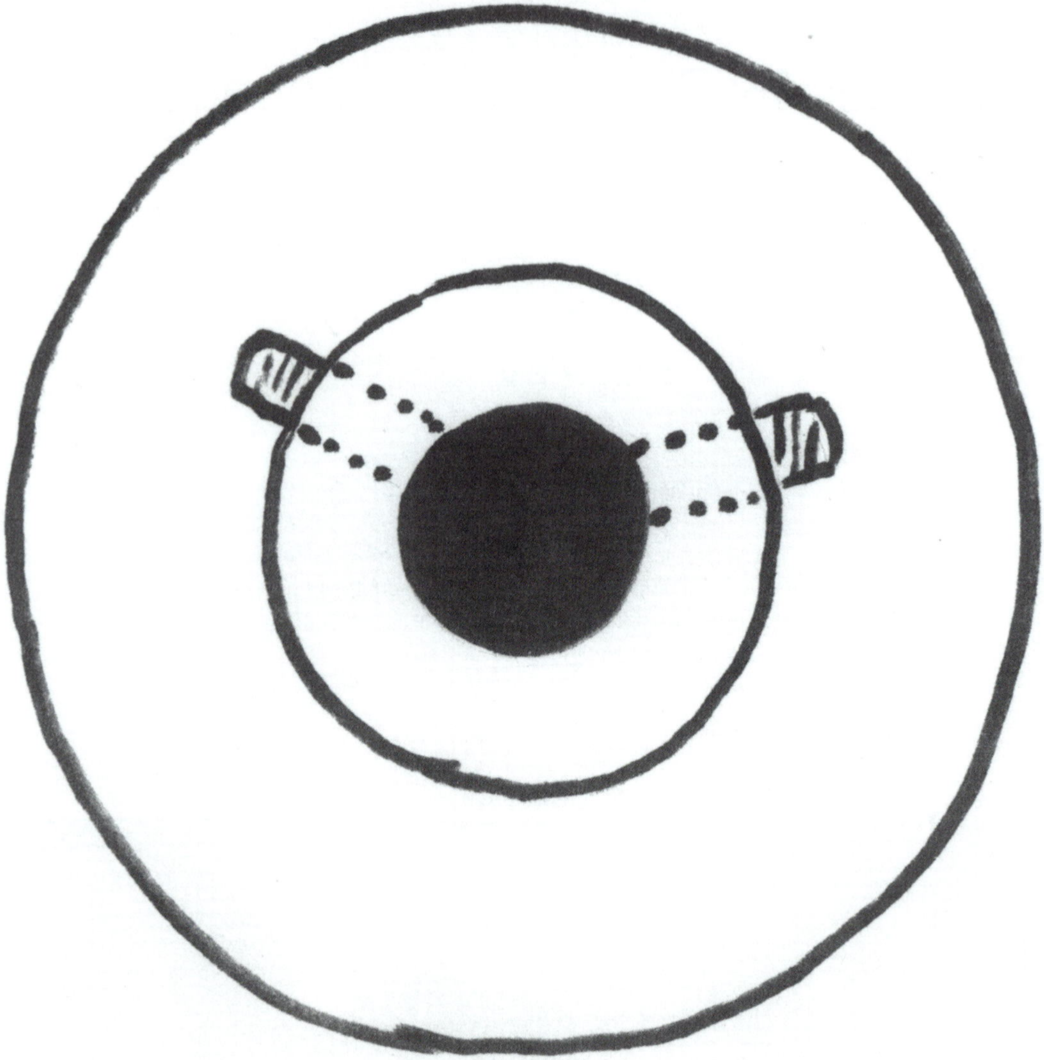

Schema einer Dreipunktklemmung mittels zweier Madenschrauben

Kapitel 46: „Probedurchmesser“ andrehen

Oft steht der Bastler vor der Aufgabe einen Zapfen oder ähnliches drehen zu müssen, der satt, H7 gleich, in eine schon vorhandene Bohrung passen muss. Man probiert immer, wieder der Zapfen ist immer noch zu dick, stellt minimal zu, um dann auf einmal festzustellen „jetzt hat er schon zu viel Spiel“ und man muss von vorne anfangen. Da hilft folgendes Vorgehen: Vorausgesetzt man hat genügend Material, kann man zuerst ein kleines Stück andrehen und probieren, bis es genau passt und dann mit dieser Einstellung die weitere erforderliche Menge drehen. Den Anteil, den man als Probe gedreht hat, muss man natürlich später abdrehen, bzw. abstechen. Ein Profi wird natürlich mit einer Messuhr am Oberschlitten arbeiten, wobei man ein Hundertstel Millimeter nachstellen kann, und dann den letzten Schritt mit 0,2 Millimeter Zustellung ausführen. Wichtig ist dabei auch, dass man mit dem ganzen Bettschlitten fährt und nicht mit dem Obersupport. Dieser ist möglicherweise nicht ganz genau auf 0 Grad einjustiert und das Drehteil, wird dann minimal konisch.

Kapitel 47: Vermeidung von Spannmarken

Darunter versteht man die Eindrücke im Werkstück, welche von den Futterbacken oder vom Schraubstock herrühren. Um das zu vermeiden, eignet sich als Unterlage feines Schmirgelpapier wesentlich besser, als irgendein gewöhnliches Papier. Die Arbeitsseite des Schmirgels zum Werkstück und dann im Futter bzw. Schraubstock klemmen. Durch die raue Oberfläche wird das Werkstück viel besser gehalten. Denn gerade bei empfindlichen Teilen scheut man sich, extrem fest zu spannen. Zum Beispiel bei einem fertig gedrehten Kolben, den man ein wenig kürzen muss.

Schmirgelpapier eignet sich zur Vermeidung von Spannmarken in Werkstücken

Kapitel 48: Mittenfindung bei Rundteilen mittels unsere Selbstbaukantentasters

Den Kantentaster haben wir schon kennengelernt. Man kann ihn auch dazu benutzen, bei einem Rundteil die Mitte am äußeren Rand zu finden. Man spannt das Rundteil in den (ausgerichteten!) Maschinenschraubstock (siehe Kapitel 20). Dann fährt man mit dem Kantentaster eine Schraubstockbacke innen an (siehe Kapitel 7). Dann bewege man den Kantentaster um den Halbmesser des Werkstückes minus Kantentastenhalbmesser (bei unserem Selbstbaugerät 5 Millimeter) und schon hat man die Mitte. Den Kantentaster jetzt durch den Bohrer oder Zentrierbohrer ersetzen. Möglicherweise muss man an der X- oder Y-Achse die Bohrposition noch einstellen. Deshalb klappt diese Methode nur an einem ausgerichteten Maschinenschraubstock. Wenn man keine digitalen Messschieber hat, sollte man dieses Verfahren jedoch besser nicht anwenden.

Mit dem Selbstbaukantentaster wird die Schraubstockbacke angefahren

So lässt sich die Mitte des Rundteils sicher finden

Kapitel 49: Blech biegen

Will man Blech biegen, sollte man es dazu nicht einfach in den Schraubstock spannen. Sonst hat man bestimmt hässliche Spannmarken. Man spannt es zwischen zwei Holzteile im Schraubstock und zwar auch aus einem anderen Grund: Ein Schraubstock hat meist mehr oder weniger scharfe Backenkanten und darüber sollte man nicht biegen. Jetzt benötigen wir noch ein drittes Holzstück, ein Klopfholz, das zwischen Blech und Hammer kommt. Mit dem Hammer niemals auf das Blech schlagen, immer nur auf das Klopfholz.

Beim Biegen von Blechen gilt es einiges zu beachten

Kapitel 50: Wozu eine Uhrmacherlupe gut ist

Irgendwann passiert es und Sie haben einen winzigen, kaum sichtbaren Metallsplitter im Finger stecken. Im Süddeutschen sagt man dazu auch Spreißel oder Spieß. Das ist sicher kein Fall für die Notaufnahme im Krankenhaus, aber extrem lästig. Mit Hilfe einer Uhrmacherlupe und einer ganz spitz zugeschliffenen Pinzette lässt sich der Splitter sicher entfernen. Die Uhrmacherlupe kann aber auch sonst sehr hilfreich sein, z.B. wenn man mit der Anreißnadel einen Körnerpunkt setzen muss. Diesen sollte man dann aber noch mit einem richtigen Körner verdeutlichen.

Eine Uhrmacherlupe ist hilfreich – nicht nur bei medizinischen Notfällen

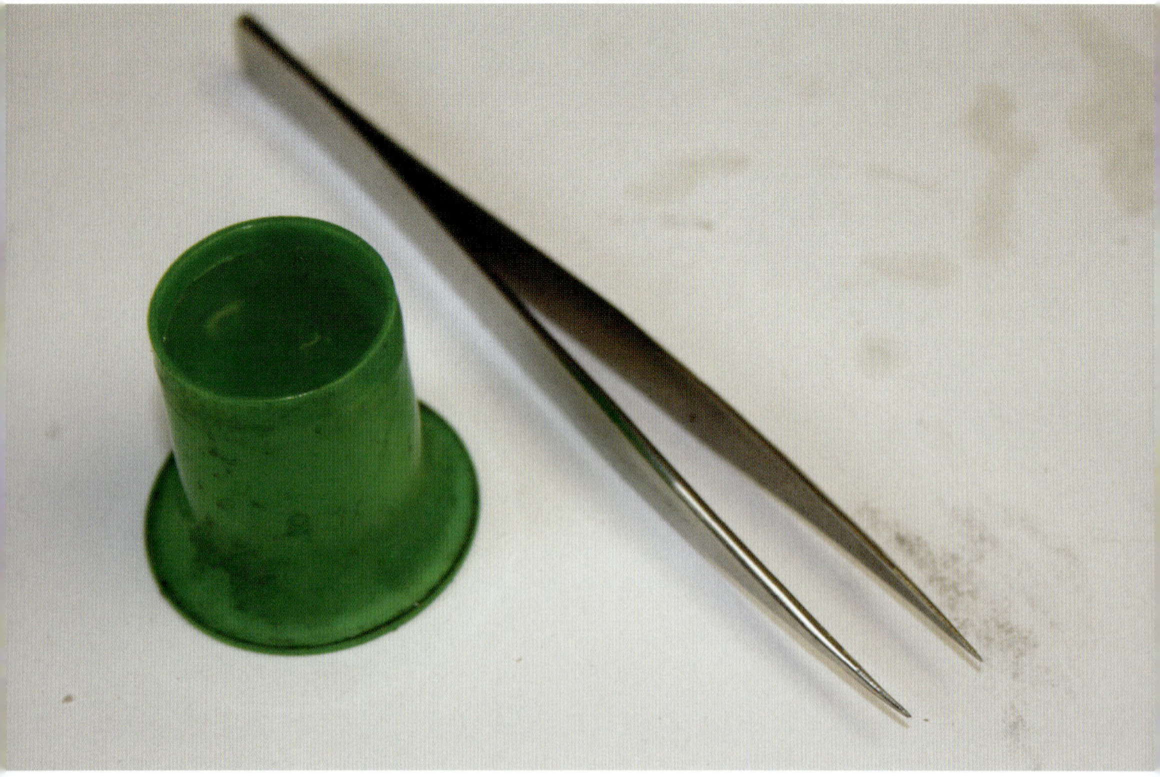

Kapitel 51: Gewinde umschneiden

In Kapitel 5 haben wir schon die Minizündkerzen kennengelernt. Diese Zünd- und auch Glühkerzen für unsere Modellmotoren haben ein Zollgewinde ¼×32. Aber wer hat schon dafür einen Gewindebohrer? Kein Problem, denn dieses Gewinde lässt sich sehr leicht mit dem Schneideisen in ein im Modellbau weit verbreitetes Gewinde M6×0,75 umschneiden!

Die unpraktischen Zollgewinde von Zündkerzen lassen sich einfach in Standardgewinde umschneiden

Kapitel 52: Dichtigkeitsprüfung mit Stethoskop

Will man eine undichte Stelle bei unseren Motoren aller Art lokalisieren nimmt man dazu meistens Seifenlösung und beobachtet ob es Blasenbildung gibt. Es gibt aber auch eine ganz andere einfache Methode um solche Undichtigkeiten festzustellen. Dazu verwendet man einfach einen Kunststoffschlauch als Stethoskop.

Wenn man z.B. einen Motor prüft, dreht man von Hand vom unteren zum oberen Totpunkt und hält den Schlauch, wie hier gezeigt, in den Anschluss für den Auspuff und prüft somit das Auslassventil. Wenn dann ein leichtes Strömungs- oder Zischgeräusch zu hören ist, ist das Ventil undicht. Ein selbstgedrehter Ohrstöpsel erleichtert das Ganze. Wenn Sie allerdings schwerhörig sein sollten ist diese Methode nicht zu empfehlen.

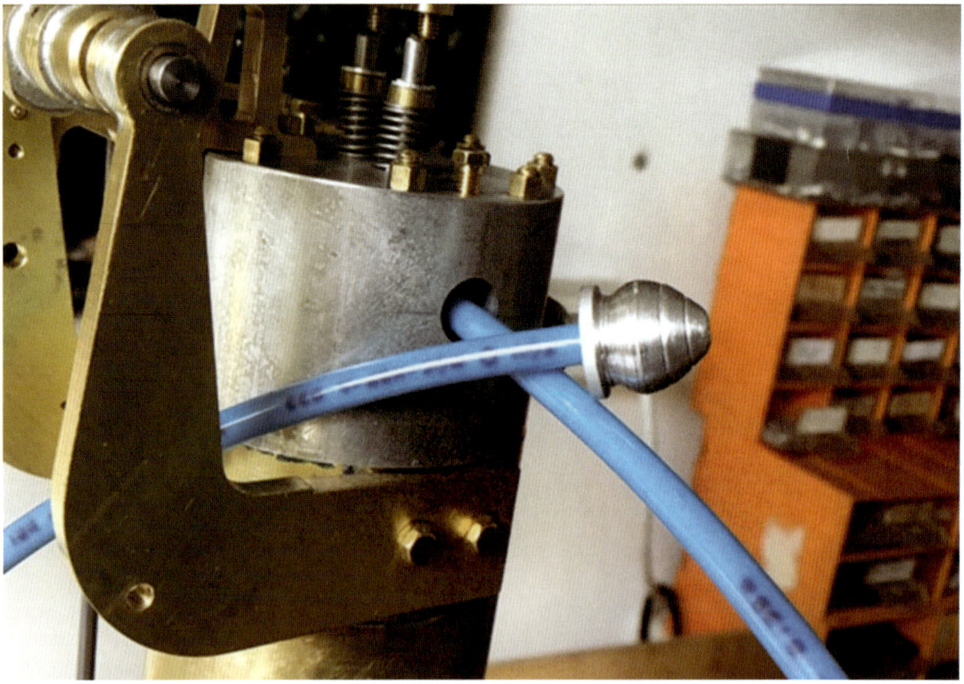

Mit einem selbstgebauten Stethoskop kommt man Undichtigkeiten auf die Spur

Zuallerletzt: Was auch noch wichtig ist

Ein ganz wichtiger Punkt für einen erfolgreichen Modellbauer sind die persönlichen Voraussetzungen. Natürlich sollte man im Haus irgendwo einen Platz, eine Ecke oder am besten einen Raum für die Werkstatt haben. Und der Modellbauer selbst sollte auch ein paar Eigenschaften mitbringen, die nicht jeder hat: Geduld, die Liebe zum genauen Arbeiten, ein räumliches Denkvermögen, Material- und Fingerspitzengefühl. Wer das nicht hat, hält vermutlich dieses Büchlein gar nicht in den Händen. So jemand sollte in der Freizeit besser Briefmarken sammeln… Ein weiterer wichtiger Punkt: Pflegen Sie Kontakte mit Gleichgesinnten. Erfahrungsaustausch, gegenseitiges Anstacheln und Wecken von Ehrgeiz gehören dazu. Wer immer nur alleine vor sich hin werkelt wird irgendwann den Spaß verlieren. Und in einer Gruppe hat man vielleicht auch mal die Möglichkeit seine Modelle der Öffentlichkeit zu zeigen. Nichts macht mehr Spaß als für seine Modelle anerkennende Blicke und Bewunderung zu bekommen.

Aber vergessen Sie bei aller Freude am Modellbau nicht die Sicherheit. Tragen Sie eine Schutzbrille! Wenn Sie lange Haare haben, dann hinten zusammenbinden. Keine Handschuhe tragen bei Arbeiten an der Dreh- oder Fräsmaschine. Wenn sich Haare oder ein Stück des Handschuhs in der Maschine verfangen, bekommen Sie möglicherweise einen Zwangsurlaub im Hotel Unfallchirugie. Und das allerwichtigste: Bevor Sie die Maschine einschalten, immer zuerst Gehirn einschalten. Und nun wünsche ich Ihnen viel Spaß und Erfolg im Modellbau.

Danksagung

Ein Autor alleine macht noch kein Buch. Es sind natürlich weitere Personen beteiligt, denen Dank für das Zustandekommen dieses Büchleins gebührt. Der Dank gilt meiner Tochter Carolin für das Tippen des Textes und die Arbeit am PC. Weiter ein Dankeschön an Norbert Messmer, staatlich geprüfter Maschinenbautechniker, für die kritische Durchsicht des Manuskriptes und einige von ihm eingebrachte Ergänzungen. Weiter möchte ich mich bedanken bei Oliver Bothmann für die redaktionelle Betreuung, von ihm stammt auch die Anregung dieses kleine Buch zu schreiben. Und zum Schluss noch ein Dank an den Verlag für die nette Ausgestaltung.

Tuningen im Oktober 2020, Kurt Becker

Anhang

Bezugsquellennachweis

1. Modellbau

- Bengs Modellbau: www.bengs-modellbau.de
- Thorsten Schür: www.ts-modelldampfmaschinen.de
- RC-Machines: www.rcm-machines.com
- Knupfer Modell- und Feinwerktechnik: www.knupfer.info
- Wilms Metallmarkt: www.wilmsmetall.de

Die Liste erhebt keinen Anspruch auf Vollständigkeit

2. Maschinen und Werkzeug

- Firma Paulimot: www.paulimot.de
- Optimum Maschinen: www.optimum-maschinen.de
- RC-Machines: www.rcm-machines.com
- Wabeco: www.wabeco-remscheid.de

Die Liste erhebt keinen Anspruch auf Vollständigkeit

Weiterführende Literatur:

- Jürgen Eichardt, Drehen für Modellbauer (VTH-Verlag)
- Jürgen Eichardt, Fräsen für Modellbauer (VTH-Verlag)
- Jörg Burgdorf, Tipps und Tricks für die Metallwerkstatt (VTH-Verlag)
- Dipl. Ing. Tillmann Wallroth, Drehen und Fräsen im Modellbau (VTH-Verlag)
- Rob van Dort – Joop Oegema, Handbuch Modelldampfmaschinen (Neckarverlag Villingen-Schwenningen)

Die Liste erhebt keinen Anspruch auf Vollständigkeit

Notizen

Notizen

Notizen

Notizen

Notizen

Notizen

Notizen